软体动物

身体有坚硬的外壳（除乌贼、章鱼、蛞蝓之外）。

蜗牛

环节动物

身体细长，有很多体节。

蚯蚓

线虫动物

身体细长如线，大多数是寄生在其他生物上的寄生虫。

蛔虫

有外骨骼，成长过程中有蜕皮现象。身体有节，腿部有关节。

蝗虫

蜕皮动物

原口动物

棘（jí）皮动物

生活在海里，皮肤表面有骨板或骨片。把海水吸收进身体里以后，让海水遍布全身。

海星

脊索动物

有支撑身体的背骨。血液中有血红蛋白，因此血液是红色的。

金枪鱼

两侧对称动物

后口动物

※触手：动物的感觉器官，除腕部以外的部分柔软而细长。

不可思议的动物图鉴

动物体貌大揭秘

（日）中田兼介 著

张 岚 译

辽宁科学技术出版社
·沈阳·

篇首语

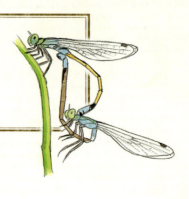

探寻动物
体貌的意义

　　我们在生活中看到的各种小动物都有各自的体貌特点，比如小狗，不同品种的小狗外貌各不相同，体形大小也有差异。

　　有些动物外貌靓丽，体态优美，让人看了就心生喜欢，但也有些动物长得并不那么好看，甚至凶神恶煞般，让人感到害怕。

　　动物千姿百态的体貌让我们不得不感叹大自然的神奇。那么，你知道吗？动物之所以进化成如今的体貌，都是有着某种明确的原因和目的的。更神奇的是，动物身上还隐藏着很多我们肉眼根本看不到的细微差别，比如一些动物身上隐藏着只有同类才能识别出来的身体颜色……动物千差万别的体貌特征都对它们的生存和繁衍有着重要意义。

　　了解了动物体貌的小奥秘，你会不会对以前觉得长得不好看的那些动物的印象有所改观呢？每种动物都在为生命的延续而努力进化着，都值得我们公平地对待和善待！只有这样，我们的大自然才能生生不息，丰富多彩。

揭开动物
体貌的秘密

　　动物的种类数不胜数，在这本书中，我们将一起了解一些常见动物的身体奥秘，揭开它们身体中隐藏的密码。了解这些奥秘，不仅能促使我们与动物的关系更加和谐，还能启发我们来开发新的技术，从而改善我们的生活。动物历经漫长的岁月进化至今，还真的是我们人类的老师呢！

便于移动

秃鹫利用翅膀在天空中翱翔（→第11页）

便于猎食

狮子利用尖锐的犬齿撕咬猎物的肉
（→第21页）

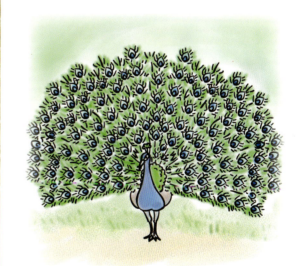

便于自我保护

犰（qiú）狳（yú）用犹如铠甲一样坚硬的皮
肤来保护自己的身体（→第22页）

便于吸引异性

雄孔雀利用美丽的羽毛来吸引异性
（→第25页）

不可思议的动物图鉴

动物体貌大揭秘

目 录

本书将从3个方面为你揭开关于动物体貌的秘密。第1章讲述动物体貌的进化过程。第2章讲述各种不同动物体形的作用。第3章讲述各种不同动物外貌的作用。

每一章节开篇，都会有一幅生动的全景插画，描绘了本章节的主题。

为了让小读者看得更清楚，图中各种生物的大小比例与实际大小比例略有不同。

接下来，我们会以具体动物为例，通过图文对照的方式，详细地介绍动物千姿百态的体貌。

体貌进化大揭秘

动物的体形和外貌会随着生存环境和生活方式的变化而不断进化。

安氏中兽

游走鲸

巴基斯坦古鲸

神奇的自然选择进化论

　　鸟、鱼、蝴蝶、海星、蜗牛、水母……世界上有很多种类动物。这些动物的体貌都是在进化的过程中逐渐形成的。

　　即使是同一种类动物，不同个体*之间的体貌也会有所差异。体貌更适宜生存的个体，生存机会和繁衍概率就更大，能够繁衍出更多的子孙，于是这种个体特征就得以代代相传。这种进化规律，叫作"自然选择"。

---

*个体：1只动物。

硬齿鲸

弓头鲸

原鲸

作为哺乳动物，海豚和鲸的祖先都是生活在陆地上的四足动物，后来在漫长的岁月中才渐渐适应了水中的生活。通过观察这些动物的骨骼*可以发现，它们身上至今留存着祖先进化的痕迹。

白喙（huì）斑纹海豚

生活方式和居住环境相近的动物，可能进化出比较类似的体貌，但是进化出的新体态也是以其祖先原本的体态为基础的。所以，祖先不同的动物们即使以相同的方式生活在相同的环境中，在体貌上也不是完全一致。正是因为这种差异，我们现在才能看到成千上万种形态各异的动物。在本章中，我们就一起来看看动物们是如何在自然环境中进化的吧！

* 骨骼：在身体内侧或外侧支撑动物身体，保护动物体态的部分。

怎么越长越像了？

如果不同种类的动物在相似的环境中以相似的生活方式生活，
那么它们的体貌可能会慢慢趋近相同。

食蚁兽

鼯鼠

袋食蚁兽
（澳大利亚）

袋鼯鼠
（澳大利亚）

都以白蚁为食，有细长的舌头可以探入白蚁的巢穴中。

前后足之间有皮膜，可以在树木与天空之间滑翔和飞行。

澳大利亚的"趋同进化"现象

不同物种的动物生活在相似的环境中，可能会渐渐进化出相似的体貌，这种现象叫作"趋同进化"。

举个例子，我们来看看栖息在澳大利亚的动物吧。澳大利亚从远古时期就与其他大陆板块分离了，现在这里还生活着很多在其他地区已经灭绝的有袋类*生物。

这些有袋类生物虽然与生活在其他大陆的哺乳动物物种不同，但体貌上却很相似。这是因为，虽然它们生活的区域不同，但是生存环境相似，生活方式也基本一致，因此进化出相似的体貌，这就是趋同进化的结果。

*有袋类：在腹部的口袋中哺育幼儿的哺乳类动物。

鳐

河马

鳐与鲨鱼同属于软骨鱼纲*。大多数能够适应水底生活。因为鳐以生活在沙地中的贝类为食,因此在水中游行的速度不快。

据说河马是与海豚和鲸最接近的动物。河马以水草和陆地上的草叶为食。

鲨鱼

海豚

企鹅

金枪鱼

信天翁

据说企鹅有可能与信天翁是近亲。

壁鱼与金枪鱼同属于硬骨鱼纲*。既可以游泳,也可以利用胸前的胸鳍在海底漫步,守株待兔地等待食物光临。

璧(bì)鱼

适宜在海中生存的流线型身体

很多在海中以追捕其他鱼类为食的动物体形很相似,通常有尖尖的头部、浑圆的身体和渐渐变细的尾部。在水中生活,这种流线型的身体有非常明显的优势。

首先,动物在水中前行的难度要远远大于在空气中,而流线型的身体可以尽量减小水的阻力,这样一来,不仅游泳的速度能变快,所耗费的能量也会减小。

此外,这些动物的尾部通常都有大大的尾鳍,以便于它们将全身肌肉的力量传递到尾鳍来改变身体方向、向前游动或保持身体稳定。

*软骨鱼纲:全身的骨骼均为柔软的软骨。具有代表性的有鲨鱼和鳐鱼。

*硬骨鱼纲:大部分骨骼为坚硬的硬骨。大多数鱼类都是硬骨鱼。

飞行的秘密

为什么鸟可以自由自在地在天空中飞行呢？
它们的身体结构中有什么样的秘密呢？

鸽子的翅膀

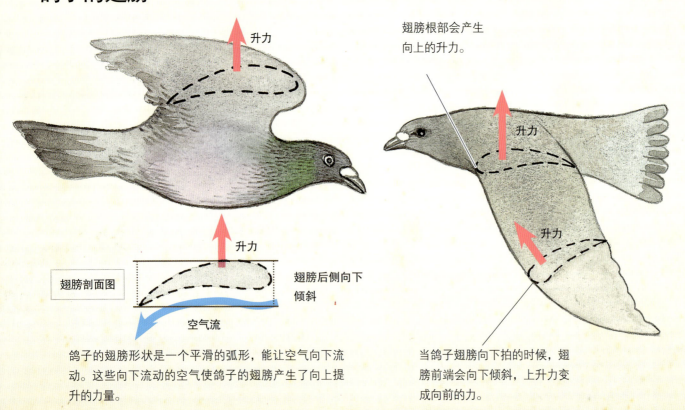

升力

翅膀根部会产生
向上的升力。

升力

升力

升力

翅膀剖面图

翅膀后侧向下
倾斜

空气流

鸽子的翅膀形状是一个平滑的弧形，能让空气向下流动。这些向下流动的空气使鸽子的翅膀产生了向上提升的力量。

当鸽子翅膀向下拍的时候，翅膀前端会向下倾斜，上升力变成向前的力。

翅膀的功能

鸟类飞向天空时，翅膀后侧略略向下倾斜，空气遇到这样形状的翅膀就会向下流动，因此可以产生向上的力量——"升力"。鸟类正是借助这种升力才能飞上天空。为了能充分地鼓动气流，鸟类就需要不停地拍动翅膀。当翅膀向下拍的时候，翅膀前端会向下倾斜，上升力变成向前的力。

蝙蝠、昆虫等其他动物的飞行方式也基本相同。

鸟类的身体结构

鸟类骨骼当中有很多空洞，同时，骨骼里还有大量柱状结构，实现了良好的支撑效果。因此，鸟类的骨骼同时具备质轻而强韧的特征。

鸟骨剖面图

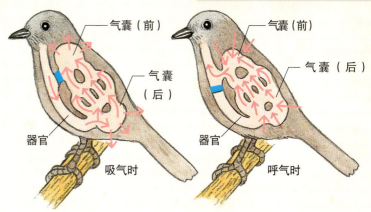

器官 吸气时　器官 呼气时

气囊（前）　气囊（前）
气囊（后）　气囊（后）

鸟类肺部有一个叫作"气囊"的袋子，吸气时前面的气囊与气管连接处关闭，吐气时后面的气囊与气管连接处关闭。这样的结构能确保肺内空气只能沿着一个方向流动，吸入的空气和吐出的空气不会混合在一起。

可以滑行的动物

秃鹫
一边在空中滑翔，一边寻找猎物。

龟蚁
通过改变脚和身体的方向来控制飞行方向。

飞蜥
翅膀是由肋骨支撑的皮膜形成的。

飞乌贼
曾经有人观察到飞乌贼把鳍和足部当作翅膀，一边吐水一边飞向高空。

身体结构的秘密

身体越轻，飞行所需的能量越少，更适宜生存，因此在进化的过程中，鸟类骨骼变得更加强韧而质轻。另外，因为在高空中氧气较稀薄，因此鸟类进化出了工作效率极高的肺部。人类的肺部会把吸入的空气和吐出的空气混合在一起，导致陈旧空气残留。而鸟类的肺中就不会发生这样的现象，因为只有保证肺部永远有足够多的新鲜空气，才能有效地获取氧气。

鸟类的另一种飞行方式是"滑翔"，利用助跑腾空而起或者从高处飞落下来的起飞方式，就不需要完全依靠翅膀扇动的力量，这是大型鸟类的常见飞行方法。当然，除了鸟类，一些其他种类的动物也会滑翔，比如鼯鼠。

长不大？长得大？

动物支撑身体的方式影响体形大小。

猫与蝗虫的骨骼

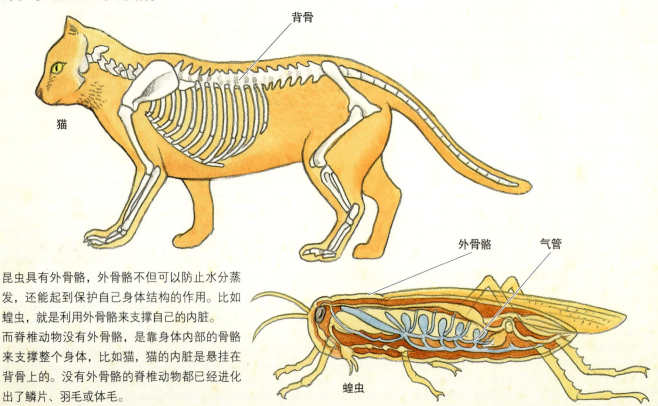

背骨

猫

外骨骼   气管

蝗虫

昆虫具有外骨骼，外骨骼不但可以防止水分蒸发，还能起到保护自己身体结构的作用。比如蝗虫，就是利用外骨骼来支撑自己的内脏。而脊椎动物没有外骨骼，是靠身体内部的骨骼来支撑整个身体，比如猫，猫的内脏是悬挂在背骨上的。没有外骨骼的脊椎动物都已经进化出了鳞片、羽毛或体毛。

体形能不能变大的秘密

对于陆地上的脊椎动物来讲，它们体内的骨骼起到了支撑整个身体的作用。而像昆虫、蜘蛛这样的动物，则依靠身体外面的坚硬骨骼（外骨骼）来支撑身体。动物支撑身体方式的不同，体形也因此会有差异。

如果靠外骨骼支撑身体的动物的体形很大，它们必须有更加厚实的外骨骼，这样一来，就没有空间让身体内部的肌肉生长了。因此科学家们认为，昆虫、蜘蛛这样的物种不会有体形很大的个体，但是脊椎动物体内的骨骼和肌肉可以同时长大，所以体形才得以进化得相对大一些。

海胆

海胆等棘皮动物，皮肤下面有壳。

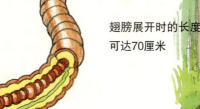

壳

蚯蚓

身体中完全没有坚硬的骨骼，依靠身体里的体液压力保持身体的形态。

体内充满体液，没有骨骼

巨脉蜻蜓

存活于古生代的大型蜻蜓。当时地球上的氧气比现在更充足，昆虫的体形比现在大得多。

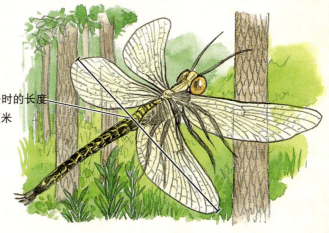

翅膀展开时的长度可达70厘米

北极熊

棕熊

黑熊

马来熊

关于熊的伯格曼*法则实例
生活在寒冷地区的熊要比生活在温暖地区的熊体形更大一些。

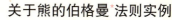

寒冷地区 ←——————————————————→ 温暖地区

其他影响体形大小的因素

　　昆虫的呼吸方式是其体形无法变大的另外一个理由。因为昆虫的气管遍布在身体内部，气管从身体各处的气门获取氧气，然后输送到体内。如果昆虫的身体变大，氧气就不能被及时输送到身体的各个部位，就会导致身体缺氧。

　　同一种类恒温动物*的体形会随着生活地区纬度或海拔的增高*而变大，比如生活于北极地区的北极熊就比其他地区的熊体形更庞大，这叫作"伯格曼*法则"。在同等温度下，动物体形越大，相对体表面积（即动物的体表面积与体积之比）越小，体表发散比率越小（散热越慢），也就能更好地保存热量，更适宜在寒冷的环境中生存。

*恒温动物：俗称温体动物，在动物学中指那些能够调节自身体温的动物，鸟和哺乳动物都属于恒温动物。

*纬度或海拔越高，环境越寒冷。

*伯格曼：卡尔·克里斯琴·伯格曼（1814—1865），19世纪德国生物学家。

不对称很奇怪吗？

小狗、狮子、老虎……常见的动物似乎看起来都是左右两侧对称的，但真的是这样吗？
关于动物身体的对称性，其实有很多你不知道的小秘密！

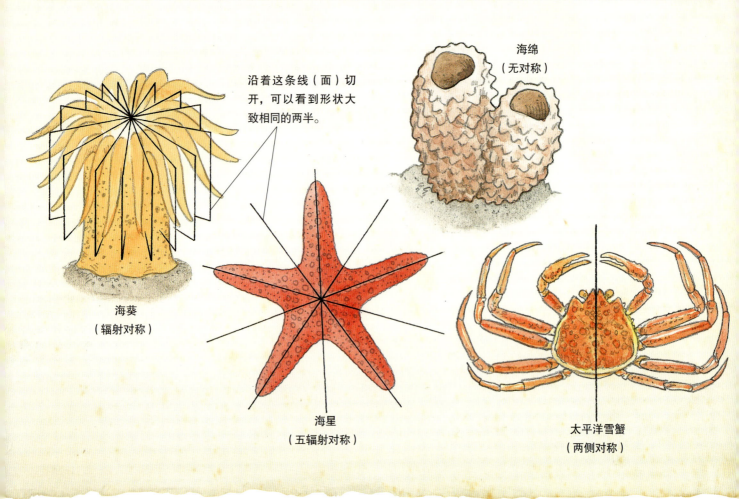

沿着这条线（面）切开，可以看到形状大致相同的两半。

海绵
（无对称）

海葵
（辐射对称）

海星
（五辐射对称）

太平洋雪蟹
（两侧对称）

对称与不对称

有些动物的身体能分出左右两部分，比如老虎、狮子这样的动物叫作"两侧对称动物"；而有些动物无法明确分出左右，比如水母和海星，这样的动物叫作"辐射对称动物"，它们的身体有多条对称轴。

大家都看过海星吧？把海星分成相同两半的方法有5种，所以我们可以将其称为"五辐射对称动物"。虽然长得一点也不像，但是海胆和海参都是海星的亲戚，它们的身体也是五辐射对称的。

此外，像海绵那样无法分成形状相同的两部分的动物，叫作"无对称动物"。

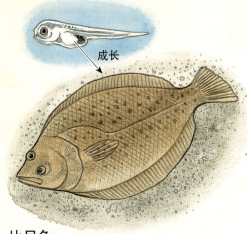

成长

左右身形不一样的动物

比目鱼

两只眼睛都长在身体左侧。刚刚从卵*中孵化出来的时候，比目鱼的眼睛长在身体两侧。随着身体逐渐长大，右眼才慢慢长到了身体左侧。

小龙虾

一侧的夹子大，便于夹碎贝壳或海胆的甲壳；另一侧的夹子要小一些，便于把肉类剪成小块以后放进嘴里。

蜗牛

每种蜗牛壳上的条纹都有固定的方向。蜗牛在交尾*的时候，需要把位于身体一侧的生殖器官连接在一起，并且只能选择壳卷曲方向相同的蜗牛作为配偶。

耳

猫头鹰头盖骨的正面图

鹿齿鱼

专门吃其他鱼的鱼鳞。为了让嘴巴尽量贴服到其他鱼的身体表面，它们的嘴巴一般向左或向右扭曲。

猫头鹰

猫头鹰左右两边的耳朵高度不同，所以正好可以利用左右耳听到方位不同的声音，准确地判断出声音的来源。

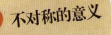

不对称的意义

包括人类在内，大多数动物只能以一条中轴线为中心分成相同的两部分，这样的身体结构叫作"左右对称"。

虽然叫作左右对称，但并不意味着身体左右两部分完全相同。就算外观看起来左右对称，身体内部的构造也会有所区别，例如，人类的心脏位于身体左侧。这种左右差别蕴含着生物进化的道理，对生命的繁衍生息起着重要的作用。

---

*本书中，将大型带壳的"卵"统称为"蛋"，而其他的"卵"则统称为"卵"。

*交尾：雄性动物为了把精子传到雌性动物体内，而把生殖器官结合在一起的交配行为。

动物是人类的老师

我们日常使用的产品和技术，有很多设计灵感是从动物身上获得的。

通过观察动物行为而开发的新技术

蛇通过反复卷曲伸展身体来移动，所以它们既可以穿过非常狭小的缝隙，也可以攀登上高大的树木。人类正在尝试着通过对蛇的研究，开发新型蛇形机器人，让它们能够抵达人类和车辆达不到的地方。

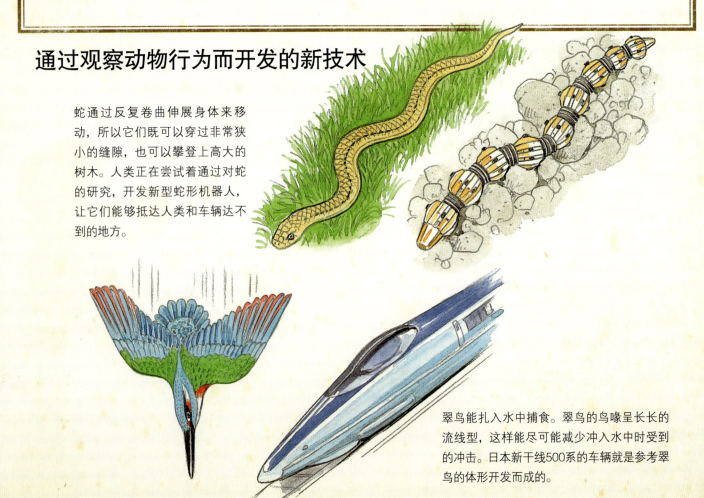

翠鸟能扎入水中捕食。翠鸟的鸟喙呈长长的流线型，这样能尽可能减少冲入水中时受到的冲击。日本新干线500系的车辆就是参考翠鸟的体形开发而成的。

越挫越勇的进化过程

现在我们看到的动物的外貌和体形，都是它们为了生活得更好、更长久而在各自生活的环境当中慢慢进化形成的。其实在这个过程中，也有很多动物因为选择了错误的方式而无法繁衍生息，最终导致种群灭绝。能够繁衍至今的动物都经历了很多失败，因为它们不断克服困难，才演变出现在的外貌和体形。

我们在开发新技术、研究新发明的时候，也会反反复复地经历失败，再从中选择出可行性最高的方案来实施。这样想来，动物也可以算是大自然发明创造的成果吧。

通过研究动物身体的奥秘而发明的产品

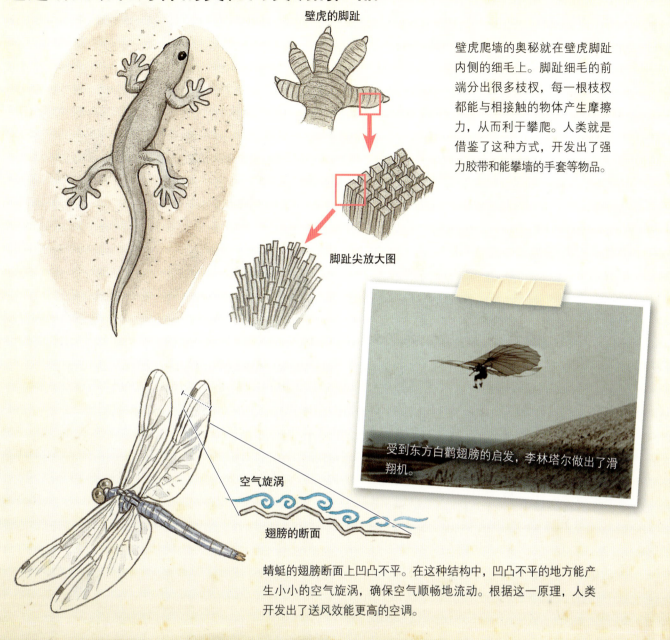

壁虎的脚趾

壁虎爬墙的奥秘就在壁虎脚趾内侧的细毛上。脚趾细毛的前端分出很多枝杈，每一根枝杈都能与相接触的物体产生摩擦力，从而利于攀爬。人类就是借鉴了这种方式，开发出了强力胶带和能攀墙的手套等物品。

脚趾尖放大图

受到东方白鹳翅膀的启发，李林塔尔做出了滑翔机。

空气旋涡

翅膀的断面

蜻蜓的翅膀断面上凹凸不平。在这种结构中，凹凸不平的地方能产生小小的空气旋涡，确保空气顺畅地流动。根据这一原理，人类开发出了送风效能更高的空调。

神奇的仿生学

目前生活在地球上的动物都具备各自的"超能力"。我们通过模仿动物的身体结构或者它们的行为方式，研发出了许多新的科学技术和产品。

例如，在莱特兄弟发明出飞机之前，奥托·李林塔尔*就已经通过模仿白鹳的翅膀制作出了滑翔机。现在，我们把这种模仿动物的科学叫作"仿生学（Biomimicry）"。生态模拟科学备受世人瞩目，而通过观察动物受到启发而研发出来的产品，也给我们的生活带来了很多便利。

＊奥托·李林塔尔（1848—1896），德国工程师和滑翔飞行家，世界航空先驱者之一。

体形作用大揭秘

动物为了更好地适应环境，改变了自己的体形。

欧氏尖吻鲛
生活水深：1200米

鹈（tí）鹕（hú）鳗
生活水深：500~3000米

粗鳞突吻鳕
生活水深：300~2000米

黑蓑蛛鱼
生活水深：500~1000米

一般来讲，海洋深度超过200米的地方是深海。人类对深海的研究刚刚开始不久，所以很多深海生物对于人类来讲还是未解之谜。

千奇百怪的动物体形

动物的体貌与它们的生活方式有着很大的关系。在所处的生存环境中，以什么为食，如何保护自己，如何吸引异性，这些都对动物的体形有很大影响。当某种动物有着特殊的生活方式时，它的身体结构往往也会令我们惊叹不已。

例如，在暗不见光的深海海底，生活着很多我们还不熟悉的动物。有些鱼能自行发光，有些鱼为了尽可能看清楚身边的光线长着硕大无比的眼睛，有些鱼身体晶莹透明，还有些鱼为了更有效地捕捉本来就很稀少的食物长着大大的嘴巴。每种动物都为了生存而努力进化着身体形态。

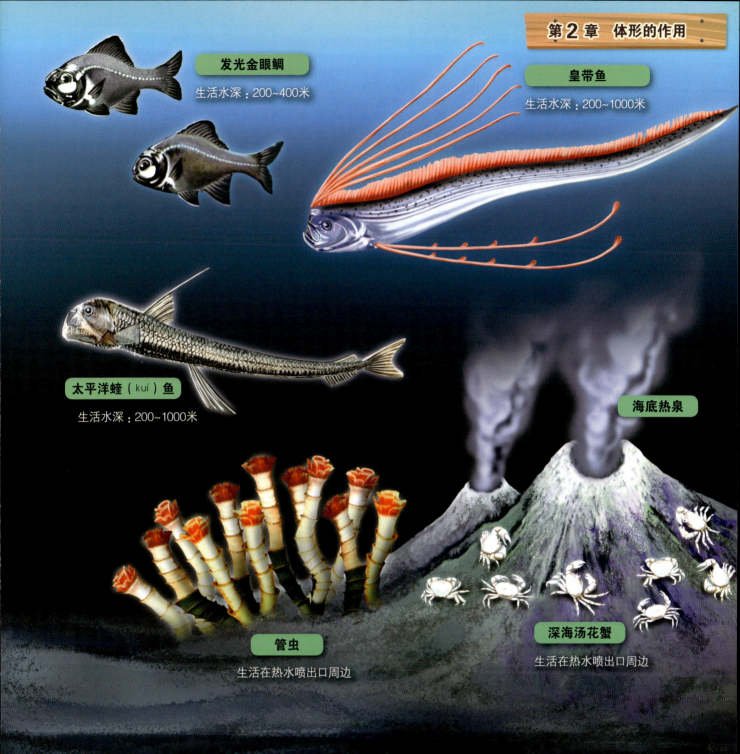

发光金眼鲷

生活水深：200~400米

皇带鱼

生活水深：200~1000米

太平洋蝰（kuí）鱼

生活水深：200~1000米

海底热泉

管虫

生活在热水喷出口周边

深海汤花蟹

生活在热水喷出口周边

在无法进行光合作用*的深海，也有能喷出温度高达几百摄氏度热泉的地方（海底热泉）。有些动物偏偏生活在这样的热泉周围，把随热水一起喷射出的硫黄等物质作为自己的营养来源。与众不同吧！这样想来，如果在与地球环境完全不同的其他星球上也有动物生存，它们的身体会进化成什么样子呢？

在第2章里，我们就来看看动物为了更好地生存，把自己的身体进化成了什么样子吧。

*光合作用：植物利用光能形成自身所需的能量。

嘴巴什么样，饮食习惯来决定

动物嘴巴的形状是基于各自的生活方式和所吃食物的种类进化而来的。

达尔文雀的鸟喙

大嘴地雀
食用大颗的植物种子。

勇地雀
食用中等大小的植物种子。

地雀
食用小颗的植物种子或者吸食花蜜。

莺雀
食用昆虫。

**鸟喙形状与
饮食习惯的关系**

鸟喙有很多种形状，有的细长，有的短粗，有的平坦，有的弯曲，这些都是进化的结果。

例如，在太平洋东部的加拉帕戈斯群岛，每个小岛上都生活着不同种类的鸟。这些鸟的祖先都是达尔文雀，但是因为居住的小岛慢慢分开，环境的差异使这些鸟形成了各不相同的饮食习惯，鸟喙也因而慢慢进化成了不一样的形状。后来，这些鸟逐渐演变成了不同的物种。

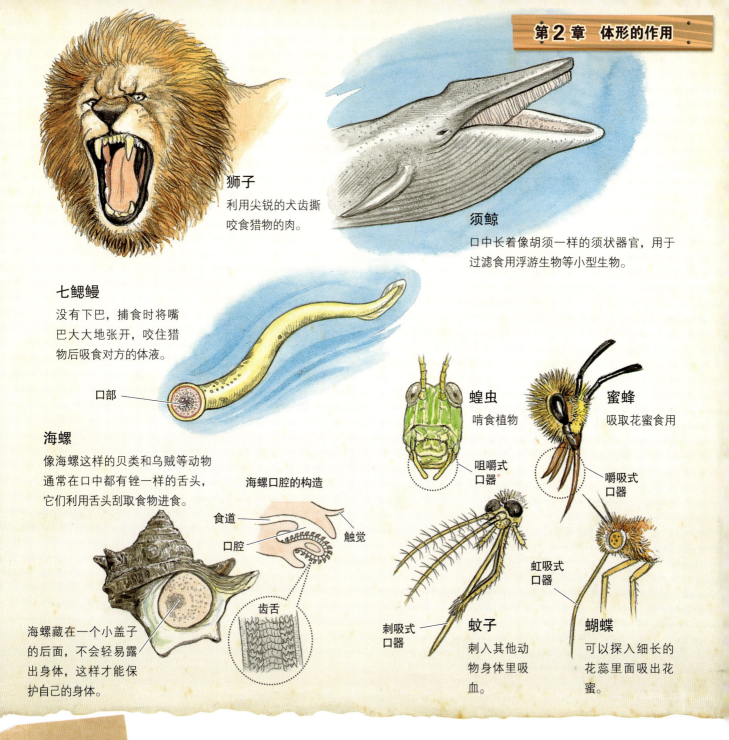

狮子
利用尖锐的犬齿撕咬食猎物的肉。

须鲸
口中长着像胡须一样的须状器官，用于过滤食用浮游生物等小型生物。

七鳃鳗
没有下巴，捕食时将嘴巴大大地张开，咬住猎物后吸食对方的体液。

口部

海螺
像海螺这样的贝类和乌贼等动物通常在口中都有锉一样的舌头，它们利用舌头刮取食物进食。

海螺口腔的构造

食道
口腔
触觉

齿舌

海螺藏在一个小盖子的后面，不会轻易露出身体，这样才能保护自己的身体。

蝗虫
啃食植物

咀嚼式口器*

蜜蜂
吸取花蜜食用

嚼吸式口器

刺吸式口器

蚊子
刺入其他动物身体里吸血。

虹吸式口器

蝴蝶
可以探入细长的花蕊里面吸出花蜜。

各种类型的嘴

人类可以利用手把各种食材加工成各种各样的食品，也可以使用工具来做饭做菜，还可以根据自身需求改变食材的大小。

但是，动物并不能像人类这般随心所欲。所以，它们只能根据食物的大小、种类和所在地点等现实条件来进化自己嘴巴的形状以便进食。为了能够实现嚼碎植物枝叶、摘下植物果实、咀嚼猎物骨肉、挖出隐藏的食物、吸取液体、从水中过滤出杂质等各种各样的目的，动物把嘴巴进化成了各种非常实用的形状。

＊口器：节足动物的嘴和下颚等是在其进食时能发挥作用的器官。

天敌来了，应对有方

在繁衍子孙之前，动物的首要任务是保护好自己的身体。

龟和犰（qiú）狳（yú）的甲壳差异

肋骨变形后形成的龟甲

肩胛骨

肋骨

甲壳

肋骨

龟的龟甲是由肋骨变形后形成的。为了能让前足隐藏在龟甲中，肩胛骨（肩部骨骼）可以在肋骨和龟甲之间移动。

犰狳的甲壳是由多块皮肤演变而成的，是与肋骨完全不同的器官。

保护自己是第一要务

无论捕到了多少食物，储存了多少维持生命的能量，一旦成为其他动物的猎物，失去生命，一切也就失去了意义。因此，动物也通过不断进化来保护自己的身体。例如，为了逃脱天敌*的追捕练就一身能快速脱身的本领，具备敏锐的视觉和听觉，能早早察觉到天敌正在靠近等。也有的动物在身体外面披上了一层"铠甲"，就算被天敌捉到也不会轻易被吃掉，如龟、犰狳、一些贝类和藤壶等。

*天敌：自然界中某种动物专门捕食或危害另一种动物，前者就是后者的天敌。

扔掉了贝壳的贝类动物

海蛞（kuò）蝓（yú）
海蛞蝓是贝类的近亲
（软体动物）。

金乌贼
乌贼也是贝类的近亲，它们身上留有的小小"背骨"就是曾经的贝壳。

蛞（kuò）蝓（yú）
蛞蝓是蜗牛的近亲。

进化出防御武器的动物

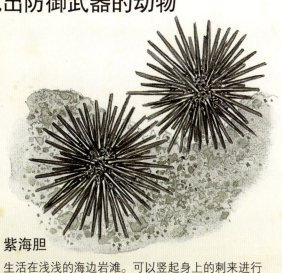

紫海胆
生活在浅浅的海边岩滩。可以竖起身上的刺来进行防御。

污灯蛾的幼虫
用身体表面的毛来保护自己。如果没有体表这层吓人的毛，它们很快就会被天牛吃掉。

花样百出的自卫方式

蜷起身体缩进表面的铠甲里就能保护自己不被天敌吃掉，可是，这样的体形也难以快速逃脱。为了能够快速从天敌眼前溜走，就需要快速移动的能力。正是因为如此，很多贝类在进化的过程中扔掉了身上的壳。

还有的动物，例如毛毛虫、海胆、豪猪等，它们的体表全是刺和毛，看起来很吓人。它们也正是利用这样的外貌来保护自己的。对了，还有的动物有犄角或者蹄子，这些都是对抗天敌袭击的武器。

一眼辨雌雄

很多动物的雌性和雄性体形有明显差别，一起来看看吧！

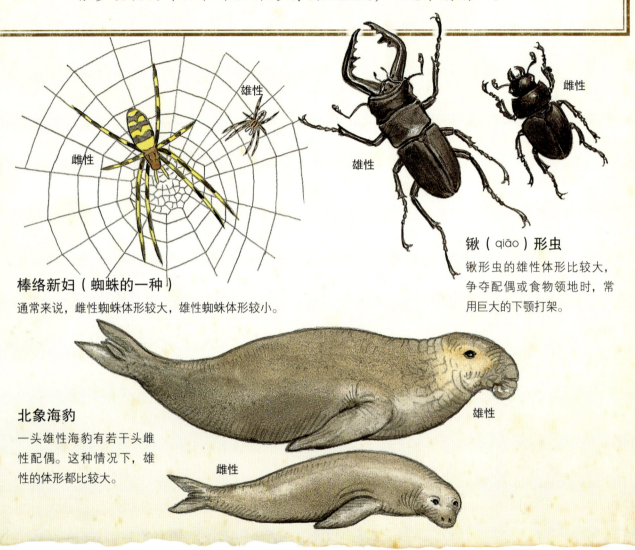

棒络新妇（蜘蛛的一种）
通常来说，雌性蜘蛛体形较大，雄性蜘蛛体形较小。

锹（qiāo）形虫
锹形虫的雄性体形比较大，争夺配偶或食物领地时，常用巨大的下颚打架。

北象海豹
一头雄性海豹有若干头雌性配偶。这种情况下，雄性的体形都比较大。

雄雌体形有差异的原因

人类当中，通常男性体形要比女性体形更加高大。但是在动物当中，却有很多雌性动物的体形要大于雄性动物。

这是因为体形较大的雌性动物可以孕育更多的卵，而雄性没有这个必要。

但是对于那些必须通过激烈争斗才能争夺到配偶的动物来说，雄性体格越大，越有可能获胜。

24

雉
颜色鲜艳的一方是雄性，颜色暗淡的是雌性。

孔雀
雄性孔雀有美丽异常的巨大尾羽，它们展开尾羽向雌性孔雀求爱*。

雌性

雄性

彩鹬（yù）
雄性全权负责育儿，因此雌性身体较大，颜色鲜艳，而雄性羽毛暗淡。

雄性的前足

密西西比红耳龟
只有雄性的前足趾甲比较长。因为雄性需要左右摆动前足来向雌性求爱。

一目了然的雌雄差异

除了体形之外，雌性动物和雄性动物还有其他不同。比如有些动物只有雄性才具有用于攻击的器官。

另外，有些动物为了能吸引异性，进化出了更加显眼的外形特征，这也是导致雌性和雄性外貌差异的原因之一。被选择的一方需要靠形象取胜，而有选择权的一方就不需要那么注重外貌了。大多数情况下，雄性动物为了求爱需要具备帅气的外表。但有些动物的雄性专心负责育儿，而且能够参与繁殖活动的雄性数量比较少，这样的情况下，都是由雌性来求爱，那么自然而然，雌性外形更优美而雄性就低调多了。

*求爱：为了繁殖吸引异性的行为。

环境变了？超能力进化！

同一种动物不同个体之间体形也不见得相同，有些动物会根据环境的变化来改变自己的体形。

根据环境改变身体的动物

蝌蚪

正常体形：在没有天敌的环境中发育的个体。

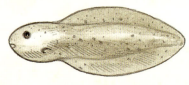

对抗水蚤（chài）的体形：因为始终有天敌（水蚤）跟在后面，长出了不怕被追捕的大尾巴。

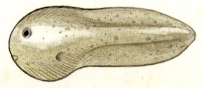

对抗鲵的体形：为了防止天敌（鲵的幼体*）把自己整个吞掉，进化出了大大的脑袋。

变大的脑袋

鲵鱼

当幼年鲵鱼生活在有小蝌蚪可吃的环境中时，就会长出大大的脑袋，以便于吞食小蝌蚪。

从蝌蚪变成青蛙

从水中登上陆地生活，身体结构会发生很大变化。这个过程叫作"变态发育"。

进化"超能力"的原因

为了更好地生存和繁衍，当动物生活的环境发生变化时，动物的体貌也会随之发生变化来适应环境。环境变化的因素有很多，比如动物繁殖季节的温度和日照时间，动物所处环境中存在的天敌多少、存在的天敌种类等。因此，有些动物在成长过程中会呈现出好几种不同的体形，同一物种动物不同个体之间有时也会呈现出比较明显的体形差异。

动物这种根据环境变化来改变自己体形的"超能力"，叫作"表型可塑性"。

*幼体：与父母体形不同、生活方式不同的孩子。幼体昆虫被称为"幼虫"。

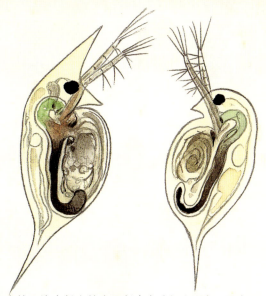

水蚤

在有天敌存在的环境中长大的水蚤长有角（如左图），而在没有天敌存在的环境中长大的水蚤没有角（如右图）。

独生飞蝗

群生飞蝗

沙漠飞蝗

单独离群生活的沙漠飞蝗（独生飞蝗）个头较大，在环境恶化的时候会重新聚集到仅存的可生存区域。而在集体当中长大的飞蝗（群生飞蝗），往往比独生飞蝗的体形小，这样就可以更紧密地成群结队啃食大片农作物。

蚜虫

如果周围的同种蚜虫数量增加，一些雌性蚜虫就会长出翅膀（如上图），这种个体会飞到更远的地方，在新家重新产下没有翅膀的孩子（如下图）。

进化"超能力"的表现

水蚤是一种浮游生物，当它们生活在有天敌存在的环境中时，头顶就会长出尖尖的角。这个角是对抗天敌的武器。当水蚤生活在没有天敌存在的环境中时，它的头顶就不会长角。

当环境恶化，不得不离开现有生活环境的时候，有些动物就会长出翅膀，或者让翅膀变得更大。这是为了飞到更远的地方孕育新的后代，让它的孩子们能拥有更好的生活环境。

第3章
外貌的作用

外貌作用大揭秘

动物身上有各种各样的花纹和颜色，这些花纹和颜色都具有独特的作用。

花纹的作用 1

斑马奔跑的时候身上的花纹会令天敌产生错觉，分不清楚斑马奔跑的方向。

花纹的作用 2

舌蝇以吸食动物血液为生，一般情况它的视线只会被颜色一致的大块面积所吸引，而斑马身上黑白相间的花纹看起来并没有什么吸引力。

千姿百态的动物外貌

动物身上的花纹和颜色对它们的生存有着重要的意义。例如，有些动物身上的花纹和颜色不那么鲜艳，这有利于它们逃脱天敌搜寻的视线。而另一些动物恰恰相反，正因为它们身上鲜艳的颜色让天敌觉得"不好惹"，才能在危险关头顺利逃生。

同时，鲜艳的颜色有时候在吸引配偶方面能体现优势。当距离较远时，身体上醒目的颜色更容易被注意到，而且很多动物更愿意选择身体色泽鲜艳的配偶。

※斑马花纹的作用尚未完全明确，现在主流的说法一共有5个。

花纹的作用 3

斑马群聚在一起时，条纹就会合为一体，看起来像是一只超大的斑马，这样天敌就不敢轻易攻击它们了。

花纹的作用 4

当斑马站在高高的草丛中，身上的条纹可以起到隐藏效果。

花纹的作用 5

黑色部分容易变热，与白色部分之间形成温差，这样可以改变气流方向，给斑马的身体降温。

　　动物身上花纹和颜色进化的原因有很多，例如周围环境的背景色、所处地区的光照时长、天敌的视力范围等。有些动物身上的颜色对我们人类来说很醒目，但对于其他动物来说就没有那么显眼。此外，动物身上的花纹和颜色也是动物之间进行信息交流的一种手段呢。

神奇的隐身术

动物利用自身独特的花纹和颜色巧妙地藏身，更好地保护自己。

绿螽（zhōng）

颜色与小叶子非常相似。

沙蟹

自身颜色和纹路与沙地背景几乎一样。

雨蛙

环境不同时，身体的颜色和花纹也会改变。

隐身术之保护色

有可能会被其他动物捕食的动物，如果能不被天敌发现，就能降低被天敌抓到的概率。而对于那些"守株待兔"型动物来说，能让猎物忽略自己的存在而乖乖走过来，才能获得更多的食物。为了实现这些目的，动物使尽了浑身解数。

比如，拥有与周围环境颜色基本相似的花纹和颜色，这叫作"保护色"。例如雨蛙，就能识别出周围环境的背景色，然后改变自己的花纹和颜色，使自己与周围环境融为一体。

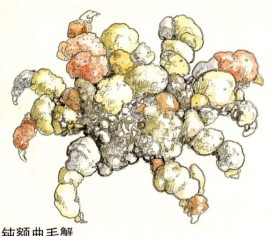

钝额曲毛蟹
螃蟹家族的小伙伴，把海藻等生物粘在自己的甲壳和脚上，使自己更加不显眼。

鸟嘴壶夜蛾
一种蛾子，看上去非常像一片枯叶。

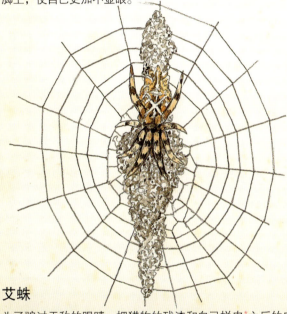

艾蛛
为了骗过天敌的眼睛，把猎物的残渣和自己蜕皮*之后的皮屑等垃圾装饰在网上，将自己隐藏在垃圾之上。

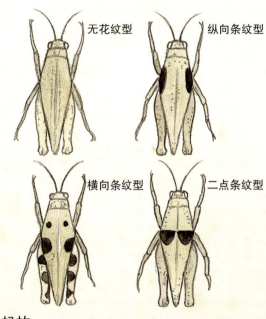

无花纹型　　纵向条纹型

横向条纹型　　二点条纹型

蚂蚱
同一种类蚂蚱个体花纹各不相同。生活在草地中的蚂蚱花纹多为纵向条纹型，生活在沙地中的蚂蚱花纹多为横向条纹型。这些不同的花纹是为了隐藏在环境中，以免被天敌吃掉。

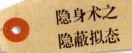

隐身术之隐蔽拟态

　　还有一种隐身方法是用天敌不会注意到的物体，比如，植物或石头等来隐藏自己的身体，这叫作"隐蔽拟态"。

　　第三种隐身方法是身披条纹。身体上的条纹令天敌看不清真实的身体轮廓，判断不出可以攻击的地方。

　　无论哪个方法，都是非常有效的隐身方法。有时候动物从我们的眼皮底下溜走，我们都毫无觉察呢！

＊蜕皮：蜕掉身体表面的骨骼或鳞片等坚硬的部分。

看起来就不好惹

当感知到危险时，有的动物通过醒目的颜色和花纹向天敌传达出"我很危险"的信号。还有些动物进化成与其他更有威慑力的动物相似的外貌来保护自己。

传递警告信号的花纹和颜色

红腹蝾螈
感知到危险时，可以把腹部的红色花纹展示给对方看。

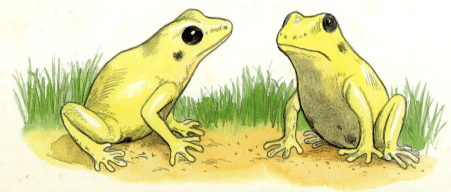

箭毒蛙
皮肤有毒，皮肤颜色十分鲜艳。

起警告作用的花纹和颜色

有些动物长有带攻击性的"武器器官"用于抵御天敌。但如果天敌真的发动袭击，即使能够抵御，也可能会受伤。因此自身有"武器"的动物，常常会通过炫耀自己战斗力的方式抢先一步来打消天敌袭击的念头。

而有些动物没有显眼的"武器器官"，但身体有毒，为了尽量避免受到袭击，它们需要向天敌传递出这个"不好惹"的信息。通常，这样的动物外貌十分靓丽，色彩鲜艳，不声不响地宣扬着"要是对我动手的话，你也会很惨"的讯息。动物身上这种用于传递警告信号的颜色叫作"警戒色"。

花纹颜色相似的蜜蜂

腹部带有针刺的各个种类的蜜蜂，腹部大多有黄黑相间的花纹，这就是"缪勒拟态"现象。

意大利蜜蜂

中华长脚马蜂

黄缘蜾（guǒ）蠃（luǒ）

三齿胡蜂

外观近似蜜蜂的各种昆虫

很多昆虫的身体上也带有黄黑条纹。这是一种趋向于蜜蜂的"贝氏拟态"现象。

虎天牛
与独角仙和金龟子是近亲，是一种前翼变硬的甲虫。

黑带食蚜蝇
与苍蝇和蛾子是近亲，有2枚羽翼。与食蚜蝇相同，身上有黑黄相间的条纹。

小带透翅蛾
蛾子和蝴蝶的近亲。

台湾栉大蚊
是苍蝇和蛾子的近亲，有两枚羽翼。

缪勒拟态和贝氏拟态

　　不同种类的有毒动物互相模仿，进化出相似的花纹颜色，这叫作"缪勒*拟态"。有很多动物通过这种方式来增强震慑力，从而强化警告效果。

　　此外，有些动物没有毒，但进化出了与其他带毒动物相同的花纹颜色，那么就有可能骗过天敌，这叫作"贝氏*拟态"。通过这种拟态，无毒动物就能在自身没有武器的情况下，更好地保护自己。

---

*缪勒：弗雷兹·缪勒（1821—1897），19世纪德国博物学家。

*贝氏：亨利·沃尔特·贝茨（1825—1892），19世纪英国博物学家。

花纹与颜色的秘密

人是看不到紫外线的，但有些动物可以。有些动物的外貌在我们人类肉眼中看起来差别不大，但在紫外线可见的状态下，其实差别很大。这是为什么呢？
一起来研究一下颜色的识别原理吧！

颜色识别方式

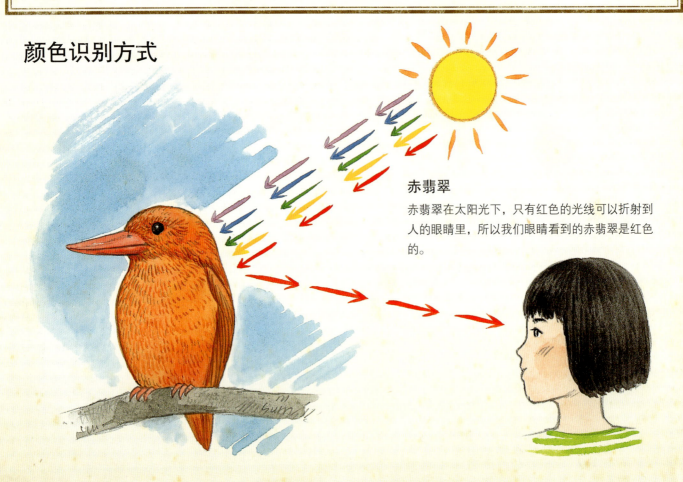

赤翡翠

赤翡翠在太阳光下，只有红色的光线可以折射到人的眼睛里，所以我们眼睛看到的赤翡翠是红色的。

颜色识别原理

我们之所以能够感知到物体的颜色，是因为物体会把特定颜色的光线反射到我们眼中。太阳光虽然看起来是单一的颜色，但其实是由许多不同颜色的光混合而成的。动物的皮肤中蕴含着大量的叫作"色素"的物质，当阳光照射到动物身上，色素就会吸收掉一部分颜色的光，同时反射出另一部分颜色的光传播到我们的眼中。

动物自身可以产生色素，也可以从植物等食品中获得，但是随着动物年龄增长，动物体内的色素会逐渐减少，发生褪色现象。

美丽的"结构色"

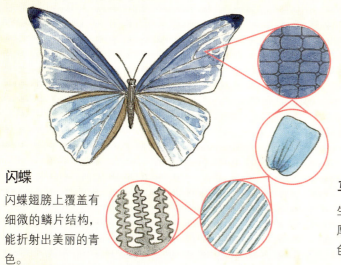

闪蝶
闪蝶翅膀上覆盖有细微的鳞片结构，能折射出美丽的青色。

马蜂金龟子
生活地域不同导致体表厚度不同，因而体表颜色也不同。

人类肉眼看不到的花纹和颜色

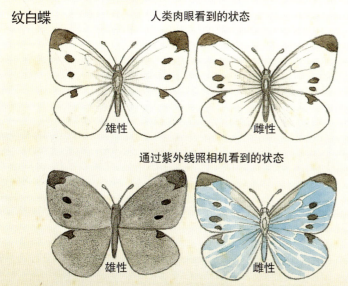

纹白蝶

人类肉眼看到的状态

雄性　　雌性

通过紫外线照相机看到的状态

雄性　　雌性

纹白蝶能够识别紫外线，在紫外线可见的状态下，雌性和雄性外观差异很大。

油菜花

人类肉眼看到的状态

通过紫外线照相机看到的状态

油菜花透过紫外线可见，这样有助于昆虫确定其花粉所在的位置。

结构色和不可见色

　　有些昆虫体表的外骨骼是由性质不同的各种物质层层叠加构成的，也有些昆虫，比如蝴蝶，翅膀上有像鱼类身体上那样一小片一小片排列在一起的鳞片结构，肉眼下类似粉状，也称鳞粉。当光线照射在这些昆虫体表时，不同的体表厚度或排列方式就会反射出不同波长的光线，这样形成的颜色叫作"结构色"。

　　另外，还有些光线是人类肉眼看不到的。夏天会把我们晒伤的光线——紫外线，就是其中之一。很多种鸟和昆虫都能看到紫外线，如果通过紫外线观察它们，会看到截然不同的样子。

为生存而变身

同一种动物不同个体之间不仅体形会有差异，外貌也会有差异。

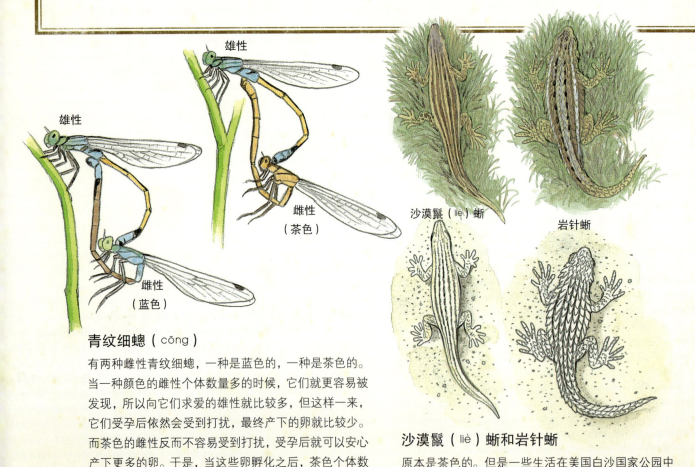

青纹细螅（cōng）

有两种雌性青纹细螅，一种是蓝色的，一种是茶色的。当一种颜色的雌性个体数量多的时候，它们就更容易被发现，所以向它们求爱的雄性就比较多，但这样一来，它们受孕后依然会受到打扰，最终产下的卵就比较少。而茶色的雌性反而不容易受到打扰，受孕后就可以安心产下更多的卵。于是，当这些卵孵化之后，茶色个体数量就会超过蓝色，如此循环往复，保持平衡。

沙漠鬣（liè）蜥和岩针蜥

原本是茶色的。但是一些生活在美国白沙国家公园中的个体，为了在白色沙地中不过于显眼，体色进化成了白色。

变身原因：环境变化

动物身上的花纹和颜色都是为了更好地去适应环境以及生存和繁衍而进化来的。

按理来说，同一物种的不同个体之间，身上的花纹和颜色应该非常相似，而事实上，观察自然界中的各种动物可以发现，很多属于同一物种的动物，不同个体之间的花纹和颜色却有很大差别。为什么呢？原因之一就是生存环境的差异。同一物种动物的不同个体根据自身所处的环境状况，各自进化出了更适宜生存的花纹和颜色。

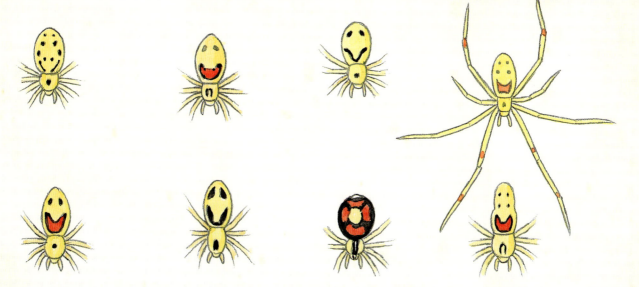

有一种叫作笑脸蜘蛛的蜘蛛，生活在夏威夷，虽然属于同一物种，但是不同个体，腹部的花纹却形状各异。

虽然同为异色瓢虫，但是颜色、花纹不尽相同。

**变身原因：
维持物种稳定性**

　　此外，有些时候动物即使生活在相同的区域，但是个体之间的花纹和颜色也并不完全一样。

　　很多动物都会被天敌捕食，这些被当作猎物的动物，如果外貌相同，就会增加被捕食的风险，结果会让整个物种数量锐减。这时，如果外貌看起来有差别，那么就能减少被捕食的风险，整个物种的数量就能得到保证。

　　就这样，外貌相似的动物个体在同一环境中时而增加、时而减少，在整体上保证了该环境中物种的稳定性。

索 引

びっくり！おどろき！動物まるごと大図鑑2

By 中田 兼介

"DOUBUTSU MARUGOTO DAIZUKAN"

Supervised by Mayu Yamamoto

copyright © 2016 Kensuke Nakata and g-Grape.Co.,Ltd.

Original Japanese edition published by Minervashobou Co.,Ltd.

特约审校：李鑫鑫

图书在版编目（CIP）数据

不可思议的动物图鉴. 动物体貌大揭秘 /（日）中田
兼介著；张岚译.—沈阳：辽宁科学技术出版社，2020.5
ISBN 978-7-5591-1386-3

Ⅰ. ①不… Ⅱ. ①中… ②张… Ⅲ. ①动物—儿童
读物 Ⅳ. ①Q95-49

中国版本图书馆CIP数据核字（2019）第238416号

出版发行：辽宁科学技术出版社
　　　　　（地址：沈阳市和平区十一纬路25号　邮编：110003）
印　刷　者：上海利丰雅高印刷有限公司
幅面尺寸：210mm×260mm
印　　张：2.5
插　　页：4
字　　数：80千字
出版时间：2020年5月第1版
印刷时间：2020年5月第1次印刷
责任编辑：姜　璐　马　航
封面设计：刘　霞
责任校对：徐　跃

书　　号：ISBN 978-7-5591-1386-3
定　　价：45.00元

联系电话：024-23284062
邮购电话：024-23284502
http://www.lnkj.com.cn